達克比辦案 ⑬

海洋酷斯拉

特殊海洋生態環境與物種適應

文 胡妙芬　圖 柯智元

達克比形象原創 彭永成

親子天下

課本像漫畫書，童年夢想實現了

臺灣大學昆蟲系名譽教授、蜻蜓石有機生態農場場長 **石正人**

讀漫畫，看卡通，一直是小朋友的最愛。回想小學時，放學回家的路上，最期待的是經過出租漫畫店，大家湊點錢，好幾個同學擠在一起，爭看《諸葛四郎大戰魔鬼黨》，書中的四郎與真平，成了我心目中的英雄人物。我常看到忘記回家，還勞動學校老師出來趕人，當時心中嘀咕著：「如果課本像漫畫書，不知有多好！」

拿到【達克比辦案】系列書稿，看著看著竟然就翻到最後一頁，欲罷不能。這是一本將知識融入漫畫的書，非常吸引人。作者以動物警察達克比為主角，合理的帶讀者深入動物世界，調查各種動物世界的行為和生態，透過漫畫呈現很多深奧的知識，例如擬態、偽裝、共生、演化等，躍然紙上非常有趣。書中不時穿插「小檔案」和「辦案筆記」等，讓人覺得像是在看CSI影片一樣的精采，而很多生命科學的知識，已經不知不覺進入到讀者腦海中。

真是為現代的學生感到高興，有這麼精采的科學漫畫讀本，也期待動物警察達克比，繼續帶領大家深入生物世界，發掘更多、更新鮮的知識。我相信，有一天達克比在小孩的心目中，會像是我小時候心目中的四郎和真平一般。

我幼年期待的夢想：「如果課本像漫畫書」，真的是實現了！

- -

從故事中學習科學研究的方法與態度

臺灣大學森林環境暨資源學系教授與國際長 **袁孝維**

【達克比辦案】系列漫畫趣味橫生，將課堂裡的生物知識轉換成幽默風趣的故事。主角是一隻可以上天下海、縮小變身的動物警察達克比，他以專業辦案手法，加上偶然出錯的小插曲，將不同的動物行為及生態知識，用各個事件發生的方式一一呈現。案件裡的關鍵人物陸續出場，各個角色之間互動對話，達克比抽絲剝繭，理出頭緒，還認真的寫了學習單和「我的辦案心得筆記」。書裡傳達的不僅是知識，而是藉由說故事的過程，教導小朋友如何擬定假說、邏輯思考、比對驗證等科學研究方法與態度。不得不佩服作者由故事發想、構思、布局，再藉由繪者的妙手生動活潑呈現的高超境界了。

作者是我臺大動物所的學妹胡妙芬，有豐厚的專業背景，因此這一系列的科普漫畫書，添加趣味性與擬人化，讓小朋友在開心快樂的閱讀氛圍裡，獲得正確的科學知識；在大笑之餘，也能得到滿滿的收穫。

發現科普閱讀海洋之珠

新北市鶯歌國小老師、教育部閱讀磐石推手 **賴玉敏**

常聽到這樣的擔憂:「孩子只愛看漫畫,會不會造成閱讀偏食,無法閱讀長文?」

科普漫畫確實是圖書館中最受歡迎的書籍,但若沒有專業且用心的製作團隊,這些科普知識將會如同殘破不全碎片,讓孩子在閱讀時只被笑話及圖像吸引,而遺漏了書中的珍珠。「知識化碎片」、「碎片化資訊」,也是許多科普漫畫的隱憂。

然而,【達克比辦案】系列在作者及編輯群的努力下,在書中放有許多圖說和表格,讓孩子閱讀時,得以整合融會貫通。例如談到海洋時,就出現一張世界地圖,清楚的將世界上全部海洋區塊呈現在讀者面前。而我們能試著用提問的方式,點醒孩子文字說明的意涵,並且請孩子觀察文圖的搭配,用以提升閱讀理解力。又如每個章節後面的海洋動物小檔案,也能請孩子查看並學習如何運用表格來歸納統整訊息。

108課綱裡尤其強調生活素養,生活中如何解讀運用圖表,成為核心重點,不論是哪個學科如自然、社會,甚至連會考作文都以圖表為題,考驗孩子的閱讀理解及表達力。

一起帶著孩子讀達克比,用趣味引發孩子的好奇心,一步步探究,讓孩子發現科普閱讀中如海洋珍珠般最珍貴的資訊,這個系列是您極佳的選擇!

達克比的複利效應

資深國小教師、教育部 101 年度閱讀磐石個人獎得主 **林怡辰**

出版至今十三集的達克比,一連串的複利效應,解決了諸多難題:

第一、以往孩子只愛看圖、只看漫畫。為了理解達克比漫畫中的內容,需要來來回回仔細讀圖表內的敘述、長篇的比較文字,甚至小檔案裡每個字都不能漏。更有低年級的孩子為了讀懂文字,一個個字來問,識字量大增。

第二、以往面對動物、演化、生態系等課程內容,範圍大、與生活相關度低,在教學上怎麼引起動機常讓老師傷透了腦筋。但有了達克比,就連教師也能從達克比中習得教學撇步,用類比、舉例、反轉的驚訝,讓孩子學習興致勃勃。

第三、以往孩子往往視科普閱讀為畏途,卻因達克比而搶著說:「我知道,達克比有說過!」、「這個化石因為地層變動,所以……」達克比的幽默圖像和偵探式闡述,讓艱難的知識變得簡單易懂,有趣又生動。以往到博物館哈欠連連,現在卻因達克比,到博物館觀展時看得津津有味;以往百科乏人問津,現今卻因達克比,願意嘗試閱讀類似內容。

十一集開始進入生態系,從十一集的沙漠到十二集的雨林,再到十三集的海洋。如果孩子早早入坑,恭喜你,快點入手深海的奧妙。如果孩子還不知道達克比是誰,那更恭喜你中大獎──踏入達克比的世界,看見科學趣味、系統思考,養出科學思路腦!

目錄

鴨嘴獸「達克比」是一個動物警察，
駐守在河邊的小木屋派出所。

達克比的任務裝備

達克比，游河裡，上山下海，哪兒都去；
有愛心，守正義，打擊犯罪，他跑第一。

猜猜看，他曾遇到什麼有趣的動物案件呢？

微笑警徽
希望天下太平、世界大同。

嘴
扁嘴巴，沒有牙，
最恨被看做鴨子嘴。

潛水鏡
為了耍帥，隨時戴著。

紅領巾
熱愛紅色，
代表滿腔的熱血。

警用背包
裡面什麼都有，
出門辦案時還能順
便帶乖乖和點心。

生物縮小糖
最新科技，
吃一顆，
身體就能縮小。

霹靂腰帶
水桶腰，繫起來
勉勉強強。

尾巴
又寬又扁，
適合在水中快速游泳。

警棍
用來打擊犯罪，
偶爾也拿來打打棒球。

皮毛
毛皮厚，可防水，
游泳時就像穿著潛水裝。

深海鬼臉王國

有什麼關係，只是好玩嘛！

而且人家還在學，

說不定以後會很厲害啊！

哼！

好了好了別吵了～

不管準不準，大家都要睡好覺，才能應付明天即將來臨的挑戰。

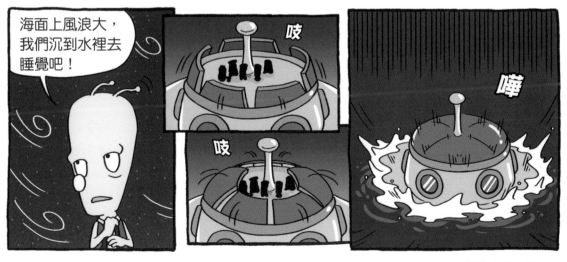

海面上風浪大，我們沉到水裡去睡覺吧！

吱

吱

嘩

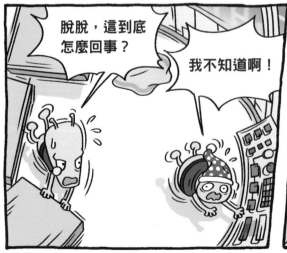

嗯……

欸，停下來了？

糟糕，大家都昏過去了。

喂，

大家醒醒！

對了，我有手電筒～

大家還好嗎？

我到外面看看發生什麼事了？

別去！

水晶球說你會遇上危險！

我有不詳的預感。

我們可能沉到黑暗的海底了。

假如我猜的沒錯，你只要走出去就會被強大的水壓壓成肉醬。

呸

因為在海中，深度每下降 10 公尺，水壓就會增加 1 大氣壓……

淺海

200 公尺

深海

※ 陸面的氣壓就是 1 大氣壓左右。所以海水每下降 10 公尺，壓力就會比在陸地多出 1 倍。

連堅硬的坦克車都會被水壓扁，何況是你！

還好我們的飛碟是高科技製造，能夠抵抗高壓。

不然的話，我們早就變成肉泥了！

那怎麼辦？

世界的海洋分布

　　海洋是地球上最大的生態系。因為光是表面積，大海就占了地球表面的70%；而海水的總量，則占了全球水資源的97%！所以人類腳下的地面其實不大，有人甚至認為，「地」球不該叫地球，而應該改名叫做「海」球才對！

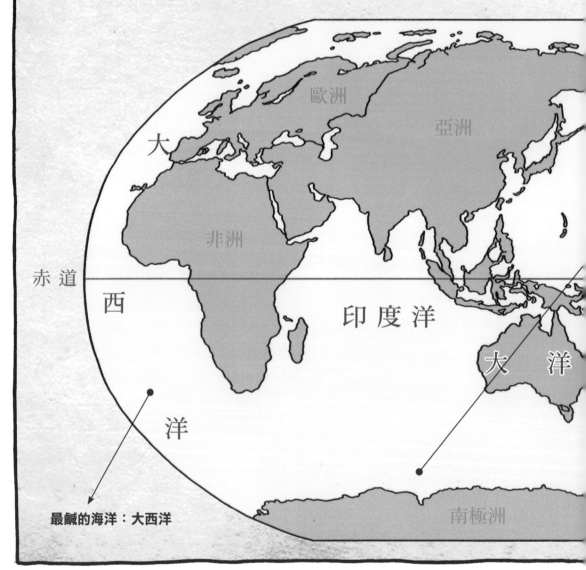

歐洲

亞洲

大

非洲

赤道

西

印度洋

大　　洋

洋

最鹹的海洋：大西洋

南極洲

雖然地球各地方的海洋是彼此相連的，但是人類還是為不同位置的海水取了不同的名字。而事實上，超過九成的海洋世界完全沒有人類去過。看似平常的大海，對人類來說還是非常神祕。

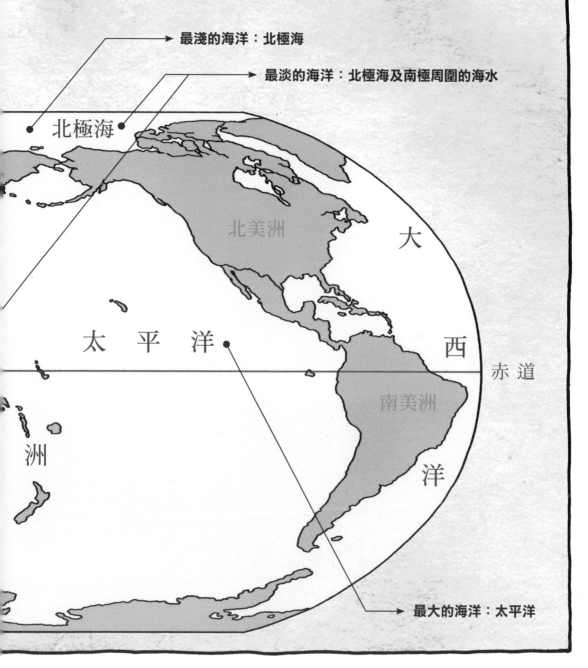

最淺的海洋：北極海

最淡的海洋：北極海及南極周圍的海水

北極海

北美洲

大

太 平 洋

西

赤 道

南美洲

洲

洋

最大的海洋：太平洋

大家穿上這個！

萬能防護衣？

對，我們在第七集穿的！

：大家聽好了，深海的環境對陸地動物來説非常危險！萬能防護衣絕對不能脱下來，聽到了嗎？

：知道了，不然會被水壓瞬間壓死。

：不只如此，因為陽光無法照進深海，所以飛碟的外面會又黑又冷，溫度只有0～4℃。如果沒穿防護衣，你們會陷入危險！

：好喔，真讓人緊張……

：脱脱、小博，你們兩個在飛碟上留守，其他人跟我到外面去，檢查飛碟受損的情況！

：沒問題，你們去吧！

哇～

原來這就是深海啊！

魚好少，好安靜。
感覺上沒什麼生物耶！

對啊，深海又黑
又冷，鬼才會想
要住在這裡。

達克比！
不夠亮！

手電筒舉
高一點。

這樣夠亮嗎……

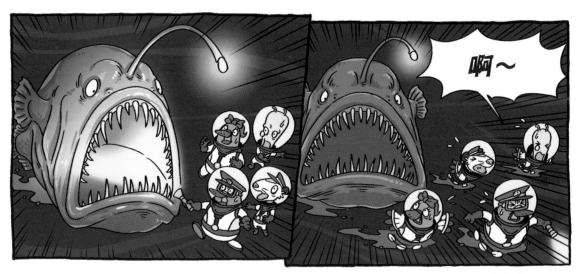

啊～

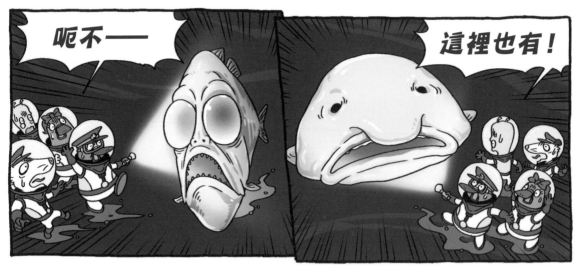

深海魚小檔案

名　稱	深海鮟鱇魚	分布深度	200 ～ 6000 公尺深

外形特徵	背鰭特化成會發光的釣竿，用來引誘小魚。因為深海很難尋找配偶，所以公的鮟鱇魚出生不久就「黏」在母魚身上；公魚的個子很小，自己不游泳也不捕魚，只靠吸食母魚的血液存活下去，就像「寄生蟲」一樣。	

名　稱	半裸銀斧魚	分布深度	100 ～ 2400 公尺深

外形特徵	身體形狀像斧頭，眼睛像球一樣凸出來。個子很小，體長還不到四公分。在臀鰭附近有發光器，以小魚、磷蝦為食物。	

陸地模樣

深海模樣

這才是我在深海中正常的樣子。

我叫「笑嘻嘻」……

※ 為了漫畫的「笑」果，書中畫的是水滴魚被釣上陸地的樣子。

名　稱	軟隱棘杜父魚（又稱「水滴魚」）
分布深度	600～1200 公尺深
外形特徵	被人類捕捉到陸地上的時候，看起來像個傷心的人臉，所以被笑稱「地球上最『憂傷』的動物」。但事實上，牠們在深海中的原始長相不一樣。牠們一臉傷心的樣子是因為快速從深海上到陸地，外表受到壓力變化而遭破壞的結果。

：團長還有防護衣嗎？快給他們穿上，不然他們會被水壓壓扁的！

：「水壓」是什麼？我們沒感覺到有什麼水壓啊？

：水壓就是水造成的壓力。像這裡大約 1 千公尺深，你們不覺得很重嗎？
※ 在海底 1 千公尺深，大概如同兩棟臺北 101 大樓的水柱壓在身上那麼重。

：唉呀～你們兩個不用替他們擔心。深海魚和陸地動物不一樣，深海魚是不會被水壓壓扁的！

：咦？為什麼差別這麼大？

：因為陸地的哺乳類用「肺」呼吸，肺裡裝滿了空氣，一到深海裡，就會被強大的水壓爆或變形。但是深海魚用「鰓」呼吸，而且全身充滿液體，沒有空腔，他們體內的液體壓力和外面的水壓相同，所以不會受到深海水壓的影響。差別就在「空氣」容易被壓縮，而「液體」不容易被壓縮的原理。

：呃，聽起來有點複雜。不過反正我們住在深海挺舒服的，唯一的缺點就是無聊了點，所以我們五個正在玩算命。

深海魚的鬼臉王國

在海洋裡，200公尺以下的深處都稱為「深海」。因為光線很難照進這裡，深海裡的生物比較稀少。

大部分的深海魚長著奇怪的長相。牠們的怪異外形正是為了適應深海中寒冷、黑暗、水壓強大的環境。

魚鰾內不裝空氣

魚類體內具有「魚鰾」，功能是用來控制浮沉。但是，充滿空氣的魚鰾容易被深海的水壓壓扁，所以許多深海魚的魚鰾中不裝空氣，而是充滿「油脂」，利用液體不容易被壓縮的特性來抵抗壓力。有些則根本沒有魚鰾。右圖用皮球來解釋。

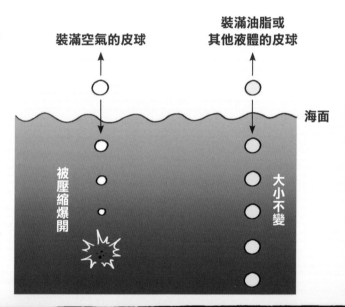

裝滿空氣的皮球

裝滿油脂或其他液體的皮球

海面

被壓縮爆開

大小不變

大眼睛或沒眼睛

不少深海魚都擁有巨大的眼睛，目的是要在昏暗的環境中，蒐集更多的光線。但是有些深海魚卻剛好相反，因為深海中幾乎看不見，所以為了節省能量，牠們的眼睛乾脆退化消失，或者只剩下皮膚的痕跡。

看得見我的臉嗎？

好險看不見……

半裸銀斧魚

微眼新鰤鰍

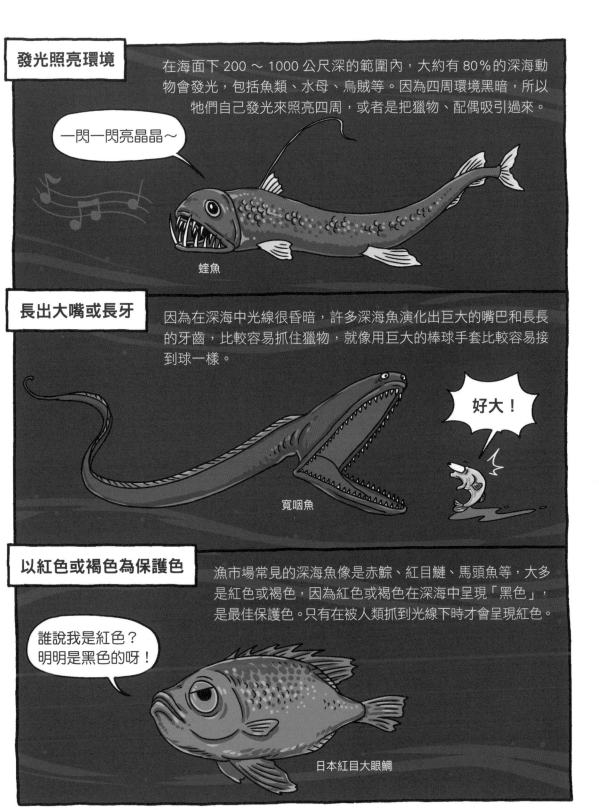

發光照亮環境

在海面下 200 ～ 1000 公尺深的範圍內，大約有 80％的深海動物會發光，包括魚類、水母、烏賊等。因為四周環境黑暗，所以牠們自己發光來照亮四周，或者是把獵物、配偶吸引過來。

一閃一閃亮晶晶～

蝰魚

長出大嘴或長牙

因為在深海中光線很昏暗，許多深海魚演化出巨大的嘴巴和長長的牙齒，比較容易抓住獵物，就像用巨大的棒球手套比較容易接到球一樣。

好大！

寬咽魚

以紅色或褐色為保護色

漁市場常見的深海魚像是赤鯥、紅目鰱、馬頭魚等，大多是紅色或褐色，因為紅色或褐色在深海中呈現「黑色」，是最佳保護色。只有在被人類抓到光線下時才會呈現紅色。

誰說我是紅色？明明是黑色的呀！

日本紅目大眼鯛

※「鰤」念成「ㄨㄟˋ」，「蝰」念成「ㄎㄨㄟ」，「鯥」念成「ㄗㄨㄥˊ」。

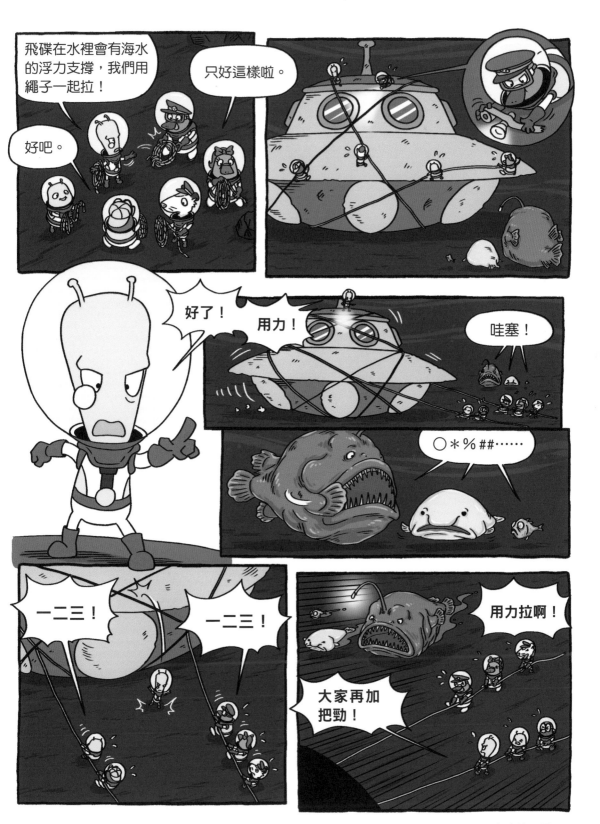

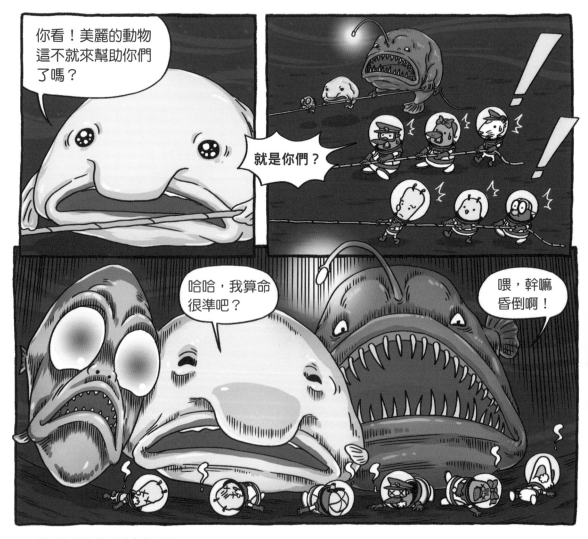

我的辦案心得筆記

報案人：飛碟上所有夥伴

報案原因：飛碟無故被撞壞、沉到海底

調查結果：

1. 陽光無法照進 200 公尺以下的海底。所以通常把 200 公尺的深度以上稱為「淺海」，以下稱為「深海」。

2. 深海的環境又黑又冷，而且水壓非常強大，所以廣大的深海對人類來說還是很神祕。

3. 在海水中，每下降 10 公尺，水壓就會增加 1 大氣壓。所以在深海，就連坦克車都可能被壓扁，更不用說是陸地動物了。

4. 深海魚不怕深海的水壓，牠們經常會發光照亮環境或引來獵物。

5. 長著怪臉的深海魚原來心地善良，幫助達克比和同伴們脫離深海。但是為什麼飛碟會跌落海底？還要繼續調查。

調查心得：

深海鬼臉國，過著怪生活。
黑冷壓力大，照樣很樂活。

奮鬥前進

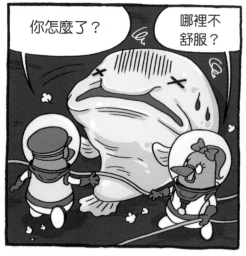

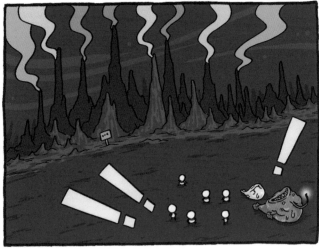

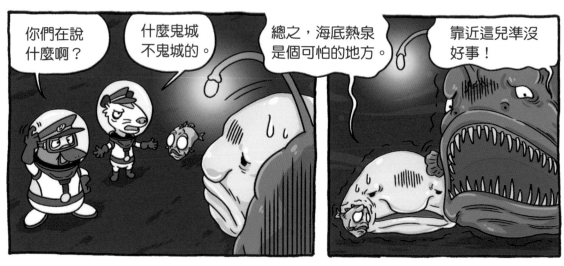

有這麼嚴重嗎？海底熱泉不就是海裡的普通溫泉而已嘛！

溫泉？

我最喜歡泡溫泉了！

沒想到大海裡也有溫泉。

等等我們一起去泡！

你們是想找死嗎？

海底熱泉是海洋裡的禁區。誤闖禁區的一般生物不是活活被燙死，就是中毒身亡。

啊！

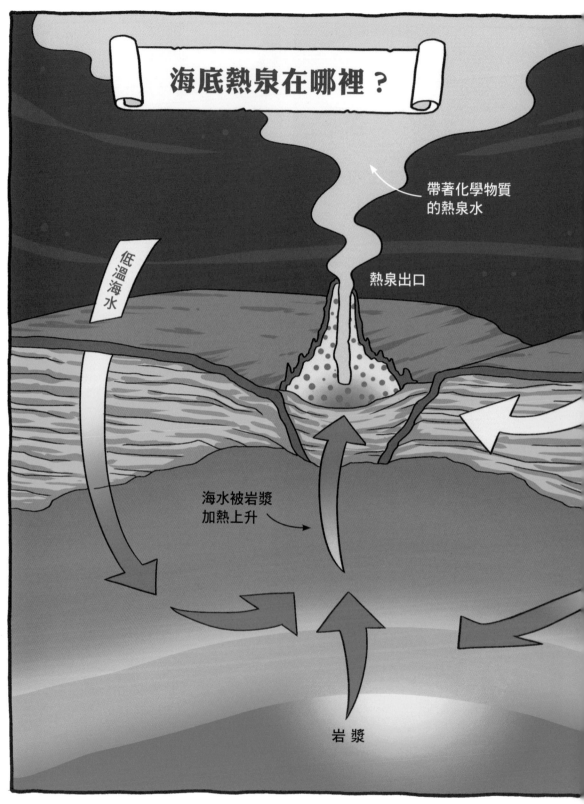

海底熱泉在哪裡？

帶著化學物質的熱泉水

熱泉出口

低溫海水

海水被岩漿加熱上升

岩漿

深海是人類難以到達的地方，所以一直到 1977 年，人類才發現，原來海洋底部也像陸地一樣會湧出溫泉，稱為「海底熱泉」。

海底熱泉通常位於地球板塊交接的地方（如右下圖紅點處），因為不同的板塊互相碰撞、擠壓容易出現裂縫，而進入裂縫的海水被地底的岩漿加熱後，就會從裂口噴發出來形成海底熱泉。這些經過地底的水會帶著地底下的化學物質，噴出以後遇到冷水快速沉澱，堆積在噴口四周，形成一座座「煙囪」般的構造。

這些海底煙囪有的在深海、有的在淺海，有的冒白煙、有的冒黑煙。從煙囪冒出的熱泉溫度從 60 ～ 464℃ 不等，形成一個個非常獨特的生態系，擁有別的地方找不到的特有生物。

低溫海水

海底

海底熱泉的世界分布圖

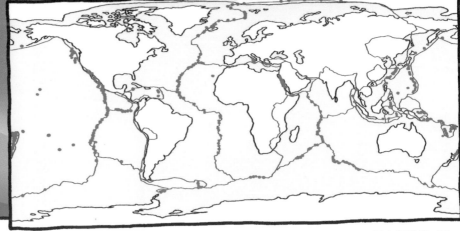

原來這裡這麼可怕，難怪深海魚會逃走。

我剛才用儀器到煙囪口測了一下。

溫度高達三百多度！海水中也充滿了有毒物質，

而且 pH 值只有 2，簡直就跟鹽酸一樣！

※：pH 值是酸鹼性的指標。pH 小於 7 是酸性，等於 7 是中性，大於 7 則是鹼性。通常強酸或強鹼都會腐蝕生物的皮膚。

這些滾燙的熱水和有毒物質都是從地底噴發出來的。

難怪他們說這裡是鬼城，的確又熱又毒，不適合一般的海底生物居住。

好可怕，我們還是趕快繞路，離開這裡吧！

不用擔心，我們有萬能防護衣的保護。

而且我在想……

走，脫脫，你跟我來！

來喔～
來買好吃的點心喔～

一包十五元，七包一百塊。客人要不要嚐嚐看？

: 不是說海底熱泉又熱又毒，怎麼會有小販在這裡賣東西呢？

: 我們快去警告他，這裡有毒，不宜久留。

: 對對，讓我來……老闆！我是河濱派出所的警察達克比。你不應該在這裡擺攤，這裡是熱泉區……

: 抱歉抱歉，警察大人！我只是做點小本生意，賺錢不容易，請不要開我罰單！

: 先生你誤會了。我不是要取締你！而是要說這裡是熱泉區，你在這裡可能會中毒或燙死。要擺攤，應該找別的地方去！

: 喔！原來您是好心～我來自我介紹，我是柯氏絨鎧蝦，原本就是海底熱泉的居民，所以不但不怕毒，也懂得躲在水溫低的地方免得被燙死！

原來熱泉區還是有生物居住啊！

你們可以適應又熱又毒的環境？

當然！

客人來一包吧！

這可是熱泉區才有的零食點心，算是海底熱泉的特產喔～

看起來滿不錯的！

可以試吃一下嗎？

當然可以！來～

拔

啪

現摘現吃。這是最新鮮的⋯⋯

竟然是老闆的腳毛！嘔～

老闆你真不衛生！竟然拔「腳毛」當零食賣給我們？

不不不，你聽我說……

這不是腳毛！是我種在身上的「細菌條」！你看你看，滿滿好吃的細菌……

細菌？

違反食品衛生法規！我要逮捕你！

沒沒沒！警察大人，你聽我說……

我們深海熱泉區的居民，很多都是吃細菌的啊！

：因為深海裡沒有日光，魚類很少，微生物也無法進行光合作用。所以熱泉區裡有不少生物會與「化合自營菌」共生。簡單講，這些細菌不需要日光，能利用熱泉噴出來的化學物質來合成養分。所以，我才會把這種細菌「種」在身體表面，只要肚子餓了，就扯下幾根「細菌條」當點心吃，這是我們在深海熱泉的求生之道，絕對不是違反衛生法規！

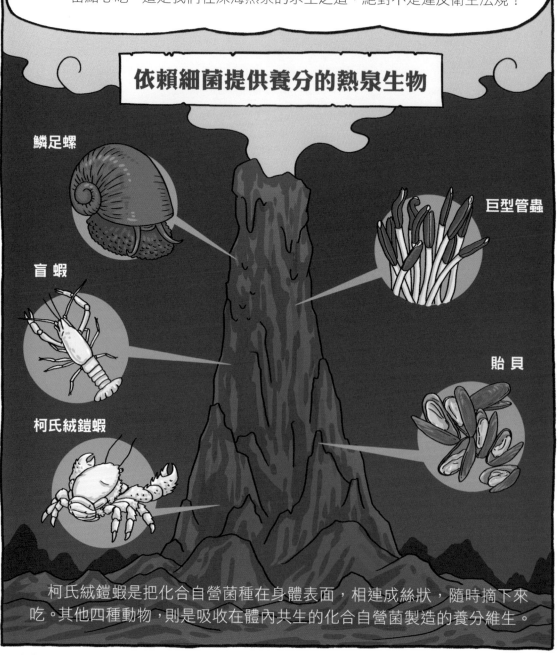

依賴細菌提供養分的熱泉生物

鱗足螺

巨型管蟲

盲蝦

貽貝

柯氏絨鎧蝦

柯氏絨鎧蝦是把化合自營菌種在身體表面，相連成絲狀，隨時摘下來吃。其他四種動物，則是吸收在體內共生的化合自營菌製造的養分維生。

柯氏絨鎧蝦小檔案

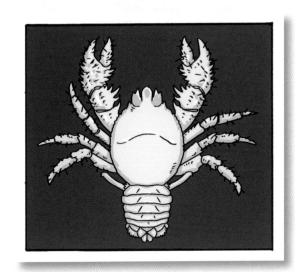

名　稱	柯氏絨鎧蝦
分　布	日本沖繩海槽附近的海底熱泉
外形特徵	顏色偏白，經常成群結隊的出現。為了適應海底熱泉的環境，牠們的身上長滿一絲一絲的「細菌條」，看起來像絨毛一樣。這些細菌可以利用海底熱泉噴出的化學物質作為能量，像是甲烷或硫化氫。然後柯氏絨鎧蝦再拔下這些細菌條來吃，所以居住在熱泉區也不怕找不到食物。
怪異的行為	摘腳上的「毛」來吃

趕快吃！

把握機會！

好吃！

真美味！

嗯～

原來這裡住著這麼多居民，只是他們都躲在石縫裡啊！

背甲方方的又長在熱泉邊，啊！他們是怪方蟹！

咦，吃不到？

這個雪，有這麼好吃嗎？

真的是雪嗎？該不會也是細菌吧？

噗～～

怪方蟹小檔案

名　稱	怪方蟹
分　布	太平洋的海底火山和熱泉附近
外形特徵	常被誤以為是「煮不死的螃蟹」，因為牠們生活在溫度滾燙的熱泉區，再加上顏色是紅色，像被水煮過的螃蟹。但事實上，怪方蟹會躲在石縫裡，避開高溫的水柱，並沒有真的泡在熱水之中。
怪異的行為	愛吃神祕的「海洋雪」

別亂說！

這是經過熱泉上方的「浮游生物」！

當海水靜止不動的時候，煙囪排出的熱水會直立往上，燙死或毒死剛好經過的浮游生物，聚集成團掉下來成為我們的食物。

好奇特的飲食方法！跟我們社區的熱泉居民吃的不一樣！

可是你們吃了被毒死的浮游生物，不會中毒嗎？

我們不怕！

在熱泉附近生活的生物，要能分解有毒物質才能生存下去。

嗯，滋味果然不錯。

難怪我種的細菌條在這兒沒人買。

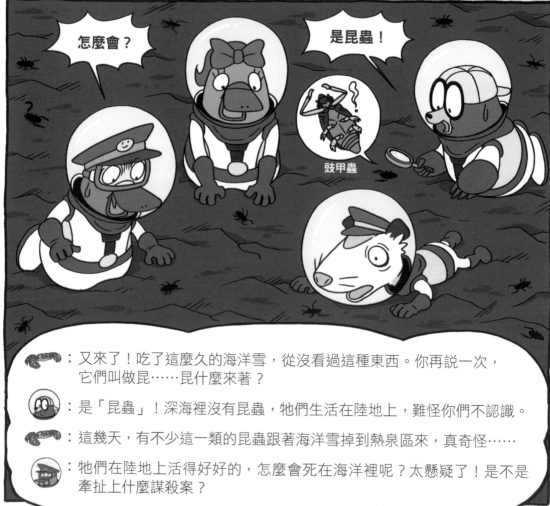

：又來了！吃了這麼久的海洋雪，從沒看過這種東西。你再説一次，它們叫做昆……昆什麼來著？

：是「昆蟲」！深海裡沒有昆蟲，牠們生活在陸地上，難怪你們不認識。

：這幾天，有不少這一類的昆蟲跟著海洋雪掉到熱泉區來，真奇怪……

：牠們在陸地上活得好好的，怎麼會死在海洋裡呢？太懸疑了！是不是牽扯上什麼謀殺案？

我先拍照記錄下來。

等我們回到陸地，一定要好好調查一下！

耶，我成功了！

是團長！這麼高興是發生什麼事情？

噹啷，你們看！

哇，飛碟的燈亮起來了！

你把飛碟修好了？

都恢復正常了嗎？

耶，我們可以回到陸地上了！

唷呼！

咳咳，還沒～

我只是想到，可以把海底煙囪源源不絕的「熱」能轉變成「電」能。

讓飛碟暫時充電，恢復一部分的電力。

這樣，至少不用再拖著飛碟前進！

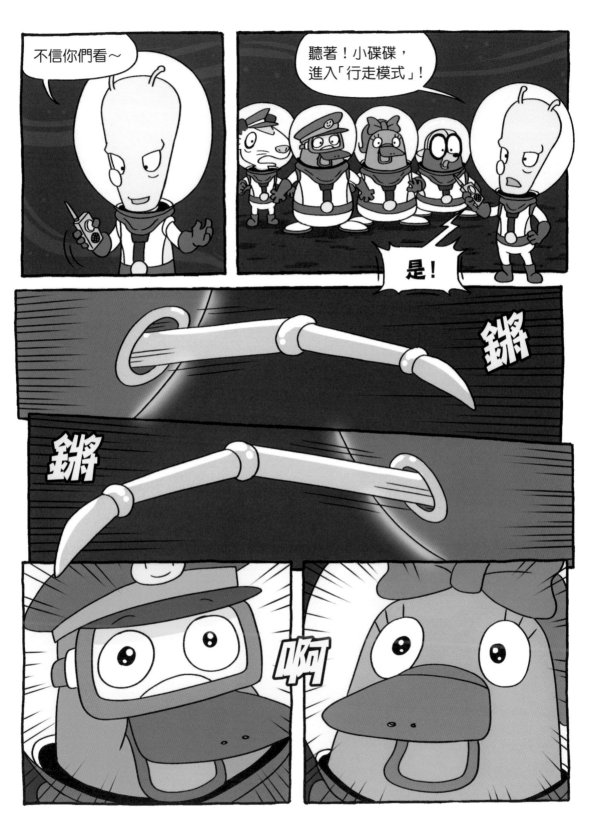

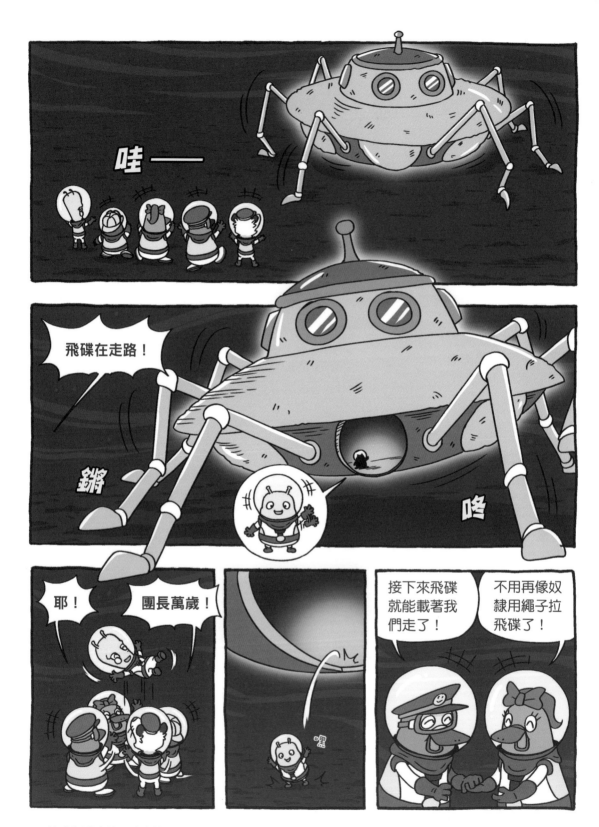

團長真的好棒！

砰

厲害！

過了一會兒⋯⋯

咦，團長你在吃什麼？

不知道耶～是脫脫剛才買給我的。

他說是海底熱泉才有的特產。

驚

快吐掉！

那是老闆的「腳毛」！

嗯！

我的辦案心得筆記

報案人：怪方^蟹

報案原因：熱泉上方無緣無故掉下昆蟲

調查結果：

1. 海底跟陸地上一樣有溫泉，稱為「海底熱泉」；通常位在地球板塊與板塊交接的地區。

2. 目前發現的海底熱泉，溫度介於 60 ～ 464°C 之間。熱水和地底的化學物質會從像煙囪的構造釋放出來，有的呈現白色，有的呈現黑色。

3. 海底熱泉區又熱又酸又毒，是海洋中非常獨特的生態系。一般的海洋生物無法靠近，不過還是有不少特別的生物住在這區，像是巨大的管蟲、盲蝦、怪方蟹或柯氏絨鎧蝦。

4. 「海洋雪」是深海中像雪花一般掉落的微小生物團，通常是由死掉的浮游生物組成。浮游生物通過熱泉時，就有可能被燙死或毒死，成為海洋雪飄到海底，變成熱泉生物的食物。

5. 很多深海熱泉的居民以「細菌」為食。這些細菌以熱泉排出的化學物質合成養分，不需要日光就能繁殖生長。

蟲蟲危機

調查心得：
海底熱泉真特別，會下海洋怪誕雪；
強酸毒水大煙囪，不會難倒怪方^蟹。

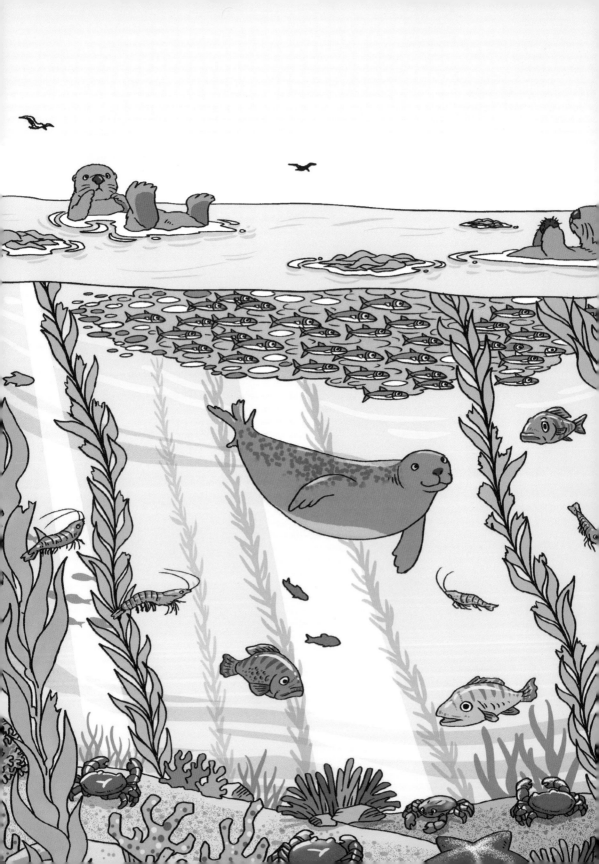

巨藻森林的神祕咬痕

哈！我贏了！

嘿嘿，最輸的人要被彈耳朵～

沒想到飛碟走這麼快，外面已經有陽光了。

這表示這裡的深度不到 200 公尺，陽光可以穿透進來了！

※ 陽光可以透進海水的最深深度大約為 200 公尺，所以這個深度以上屬於「透光層」。

唷呼！

我們快回到海面了！

就跟你說人家的水晶球占卜很準的～

嗶嗶嗶！

這裡還有陽光照進來，藻類就能進行光合作用。

有了藻類，就會有吃藻類的小魚，然後有了小魚，

就有吃小魚的大魚，當然會比深海熱鬧很多。

找到了！書上說這裡是「巨藻森林」！

巨大的褐藻利用氣囊浮在水中直立生長，形成像森林一樣的居住環境，對海洋生物來說是非常重要的生態系。

氣囊

可是，飛碟被纏住了怎麼辦？

哈，小事一樁！

大家一起用剪刀剪斷海藻吧！

咔嚓

嚓

嚓

巨藻森林是熱鬧的海洋公寓

巨藻森林又稱為「巨大海藻森林」。巨藻可以長到60公尺以上，通常分布在溫帶到極地沿岸。海裡的巨藻森林就像陸地的森林一樣，可以吸引很多生物居民，像是海面有海獺、海鳥，中層的海豹、魚蝦、鯊魚，或是海底的螃蟹、海葵、海膽和海星。

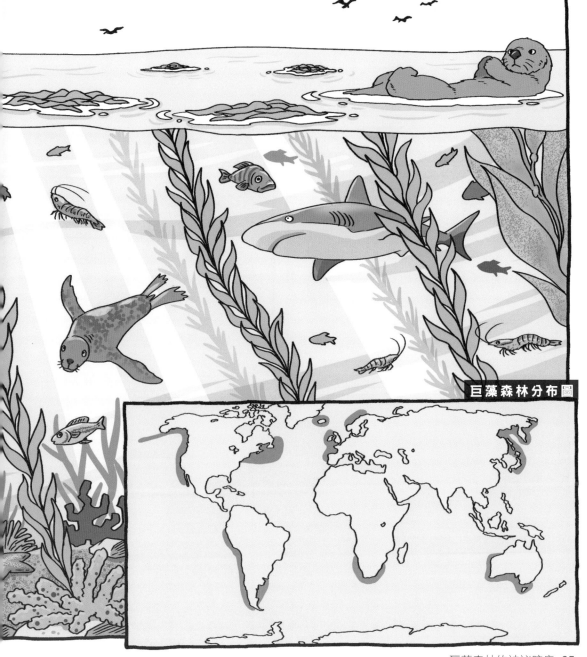

巨藻森林分布圖

哈，我們家達克比真聰明！

沒看過這麼大的海藻耶！

嘻嘻，像不像愛神維納斯？

住手！

不准破壞森林！

我是巨藻森林的海獺警察。

你們無故亂剪海藻，我要逮捕你們！

海獺小檔案

名　稱	海獺
分　布	溫度低的北太平洋沿岸，像是日本、俄羅斯或美國的阿拉斯加附近。
外形特徵	喜歡浮在海面上，或進入海裡覓食，連生產、育幼都在海上，很少到陸地上來。牠們愛吃海膽、龍蝦或蛤蜊。在海中找到海膽或貝類時，會撿石頭敲開硬殼來吃。海獺喜歡成群生活在巨藻森林裡。牠們年紀輕時，臉部的毛是褐色；年紀越大，臉色就變得越白。
有功事蹟	吃掉海膽來保護巨藻森林，被稱為「巨藻森林的守護者」。

這位鴨子小姐
你聽我說～

我不是鴨子！
是鴨嘴獸！

轟

：抱……抱歉，鴨嘴獸小姐。這是我們巨藻森林的特殊規定！在這裡，
海藻是大家賴以生存的東西。如果海藻被破壞，以海藻為生的魚蝦
就會離開；而牠們離開後，以牠們為食物的其他動物也會跟著離開。
所以如果大家都像你們這樣破壞海藻的話，那麼我們的巨藻社區就
會瓦解，變成空蕩蕩的鬼城……

：啊哈，我想起來了！　　　：想……想起什麼？

：阿呆，是我啊！你忘記了嗎？　　　：呃鴨子先生，我認識你嗎？

我不是鴨子！
你還是老樣子，
都不肯換眼鏡！

這垃圾怎麼
這麼大一坨？！

※ 詳見第四集的
　 四、五單元。

啊，有人來報案了！

我的孩子不見了！

我也是！

我也是！

嗚啊啊——

呃，

三位太太不要急～

請留下孩子的姓名、地址、電話，我幫你們找回來的時候……

：你的親生孩子都被水沖走了，你還搞不清楚狀況！當什麼警察啊！

：天哪，是你們？怎麼那麼不小心，讓寶貝孩子被沖走？！

：沒有不小心！我早上出門前，還用長長的海藻把寶寶綁好，
就跟平常一樣，怎知道……

：對呀，我也是！我還叮嚀寶寶們，大浪來的時候要手牽手，才不會
被海浪沖走！哪知道沒多久，三個寶寶就一起消失，連海藻也斷掉
了……

巨藻與海獺「互利共生」

海獺在海面睡覺或吃東西的時候，喜歡拉海藻來「捆」住身體，以免被海浪沖走；尤其海獺媽媽更是會用海藻把小寶寶捆住，因為如果牠們被沖走、在海面漂流，根本無法獨自生存。另一方面，海獺也會用「吃掉海膽」來報答巨藻，因為海膽會吃掉巨藻的根部，如果海膽太多的話，巨藻森林就會被破壞消失。這種彼此幫助、對雙方都有利的生活方式，稱為「互利共生」。

嗯？

原來是你們！

是你們剪斷巨藻，才害我們的孩子漂走的！

是嗎？可是我們才剛到不久……

而且剪斷的海藻都還在這，沒有漂走啊！

等等。你們看這裡！

這邊的海藻有巨大的咬痕！

這些巨藻斷成這樣，應該才是海獺寶寶被沖走的原因吧！

奇怪，這是什麼生物的咬痕呢？

這麼強大的破壞力，我從來沒見過。

別管這些了，先找回失蹤的孩子要緊。

呼叫脫脫！把潛望鏡伸出海面，看看海面上有沒有漂浮的海獺寶寶。

是，遵命！

吱——

轉

：怎麼樣？有看到什麼嗎？

：不太清楚……等等，朝西北西方向有一團海藻正隨著海浪，往遠方漂去。

：好，我們游過去。你負責盯住它，隨時回報漂流的方向！

：收到！

：往那邊！海獺太太妳們留在這裡等。阿呆、達克比我們三個追過去，免得小海獺越漂越遠！

：好，動作快！

看到了！

斷掉的海藻在那邊！

孩子呢？

孩子們在哪？

玩偶、鈴鼓、奶嘴……

都是我家孩子的東西！

可是人不見了？難道——

我真失敗！

阿呆別這樣～

當清潔工的時候就常犯錯。結果當警察，連自己的孩子也保護不了！

嗚嗚，我真是個失敗的父親……

別自責。我一定會幫你查出是誰咬斷了那些海藻。

不要放棄希望！

我的水晶球說，你的孩子一定會平安回來的！

他們三個小調皮，溜進我們的演唱會。

我們發現是你的寶貝，演唱會結束就趕快護送他們回來。

爸比～

寶貝～

我們漂出去，找不到回家的路⋯⋯

都是大寶說乾脆去聽演唱會的啦。

哪有？

明明是你！

才不是！

沒關係，回來就好、回來就好～

我的辨案心得筆記

報案人：三位海獺太太

報案原因：海獺寶寶被海浪沖走

調查結果：

1. 巨藻森林是海洋裡重要的生態系，巨大的藻類可以長到超過 60 公尺，是許多海洋生物賴以生存的海洋社區。

2. 巨藻是巨大的「褐藻」。人類餐桌上的海帶、昆布也屬於褐藻。

3. 海獺與巨藻有「互利共生」的關係。巨藻可以固定海獺，讓海獺不被海浪沖走，而海獺可以吃掉巨藻的天敵「海膽」。所以海獺被稱為「巨藻森林的守護者」，有海獺在的巨藻森林，就可以長得很好。

4. 海獺的社會是「一夫多妻」制，而且鴨嘴獸的社會也一樣。到底達克比以後會不會有第二個、第三個、第四個太太呢？讓我們繼續看下去～

調查心得：

海獺配上巨藻林——絕配；
沒有我就沒有您——感激；
互利共生好朋友——喔耶；
共享生機的芳鄰——黑皮！

重見天日

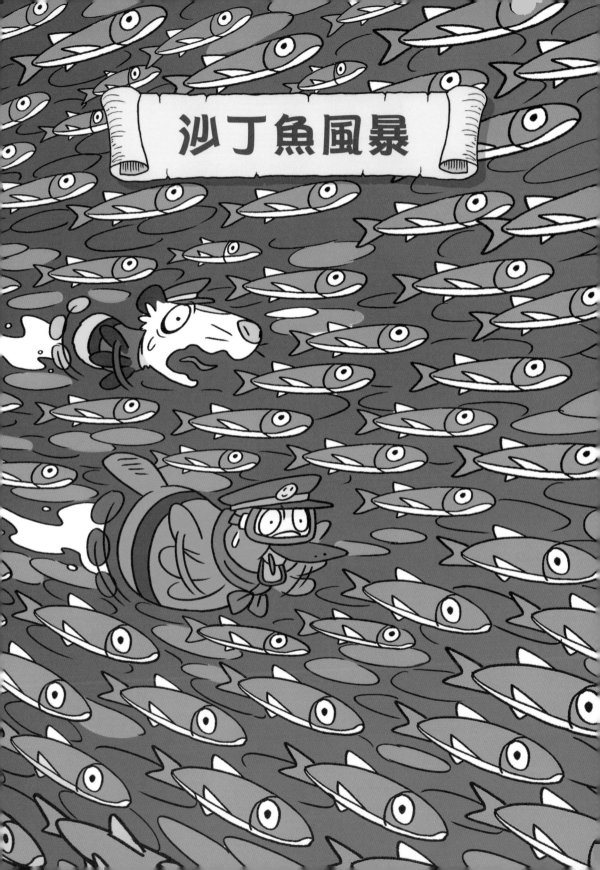

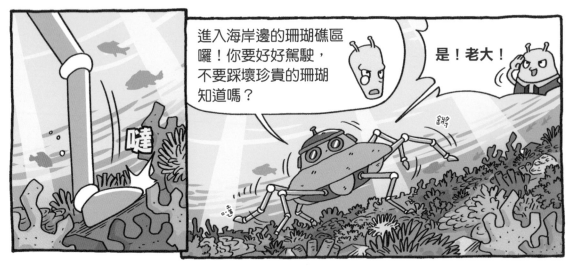

進入海岸邊的珊瑚礁區囉！你要好好駕駛，不要踩壞珍貴的珊瑚知道嗎？

是！老大！

這一切都太奇怪了。

先是飛碟被撞，跌落深海……

接著海底熱泉出現昆蟲屍體……

巨藻森林又有怪異的巨大咬痕……

看來海洋最近並不平靜……

這三件是不是獨立事件，還是有什麼關係啊？

案情好離奇，一點頭緒也沒有！

噗～

插播緊急報導！珊瑚礁居民請注意！

？

緊急報導

焦點新聞：今天早晨，一年一度的「沙丁魚風暴」即將通過本地。

大家都明白這將引來可怕的後果。

珊瑚礁的海蜥蜴女警請大家不要隨便外出，以免受到沙丁魚風暴帶來的影響。

：當海上風暴來臨時，海洋表面的海水受到強風吹拂，會激起幾層樓高的海浪！使船隻翻船，非常可怕！

：那為什麼不叫「香蕉」風暴或「冰淇淋」風暴？偏偏要叫「沙丁魚」風暴呢？

：我也不清楚。就像颱風有很多特別的名字一樣，可能海洋氣象局也會用魚的名字來幫風暴命名，這次剛好輪到「沙丁魚」吧？

：不管是什麼風暴，我想，我們的飛碟還是暫時別動比較好。趴哥、達克比，你們跟我到外面去用繩子固定飛碟。免得風暴來襲時，飛碟被大浪弄壞，回不了岸上就糟了。

：好呀。我也這麼想。多一份準備，少一份災害。

：沒錯，好不容易快到岸上了。繩子在哪？我們走吧！

吱——

好了！完工～

咔咔

動作快！風暴隨時到，太慢就來不及了。

等我一下。繩子打結了，一直解不開……

嗯？那團黑黑的是……？

嘩

：發生了什麼事？這麼多小魚……你們要到哪裡去？

：呃，其實我也不太確定。大家游去哪兒，我們就跟著游去哪兒！
因為我們個子小，一起行動比較安全。

：可是，難道你們沒有目的？只是盲目的跟著亂游嗎？

：也不是啦。我們剛在非洲的南岸產卵，現在正要跟著涼快的海流
游到北方去！

原來如此。 人潮眾多，需要好好維持秩序！

我來指揮交通。 來～往這邊走，不要推、不要擠！

好棒。達克比，他們很聽你的話耶！

啊啊！

唉呦！

好可怕！借我們躲一下！

嘿嘿，我們等你們好久啦！

你⋯⋯你們想幹嘛！

我是河濱派出所的警察。

有我在，別想欺負弱小！

我們只是想填飽肚子！

你沒聽過吃飯皇帝大嗎？

你身為警察，難道要眼睜睜看著我們餓肚子嗎？

可是⋯⋯

欸，他們說的也沒錯！這好兩難，我該怎麼辦？

人人搶著吃的「飼料魚」

　　海洋是大魚吃小魚的世界。有一些生活在遠洋的小魚，經常成群生活，成為大型魚類、海洋哺乳類、海鳥或其他動物的主要食物；牠們就像「飼料」一樣餵飽大型海洋生物們，所以被稱為「飼料魚」，像是鯷魚、毛鱗魚或沙丁魚等，是大海食物鏈中非常重要的一環。

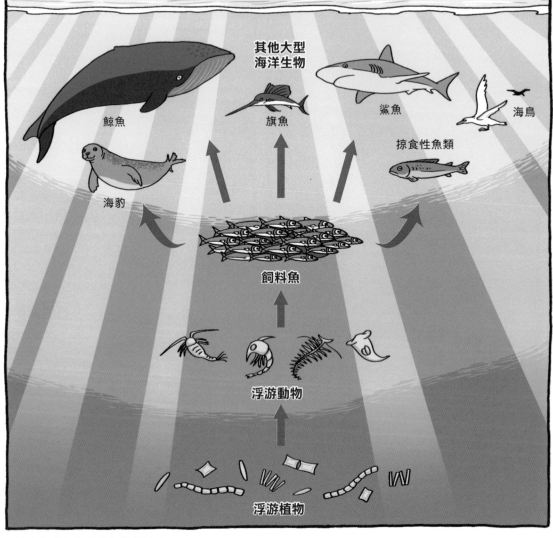

其他大型
海洋生物

鯨魚

旗魚

鯊魚

海鳥

海豹

掠食性魚類

飼料魚

浮游動物

浮游植物

組成「餌球」降低被捕食的機會

　　弱小的飼料魚除了成群出動以外，受到威脅的時候，還會集中成一顆球狀的隊伍，並且順著天敵衝過來的方向變換隊形，快速朝四面八方閃避。這種團結合作的方式，可以降低每一隻小魚被天敵捕食的機會；但是因為聲勢浩大，也很容易像「誘餌」一樣招來更多天敵，所以被稱為「餌球」。

餌球

飼料魚

停——
等一下！

等什麼？眼前就是大餐，我才不要等！

是劍旗魚！

我殺、我殺、我殺殺殺！

不要這樣！

啊？海鳥也來？

嘩啪 咻 啪 咻 啪 咻

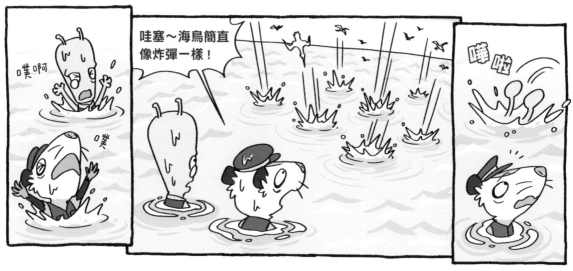

哇塞～海鳥簡直像炸彈一樣!

噗啊

噗

嘩啦

小魚集中成餌球，雖然可以降低被捕捉的機會⋯⋯

但這巨大的餌球實在太顯眼，把附近的天敵都引來了。

我們究竟能為它們做什麼？

是鯊魚──

達克比，小心你後面!

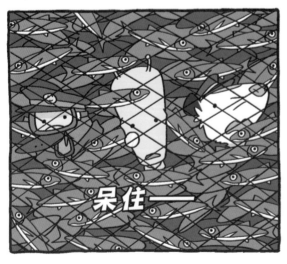

底拖漁網破壞珊瑚礁生態系

　　「底拖漁網」是一種毀滅式的捕魚方法。它是把漁網沉到海底，然後由漁船拉著漁網前進。凡是被漁網拖過的地方，不管大魚、小魚都會被一網打盡，美麗的珊瑚和珍貴的珊瑚礁也難逃被刮走、破壞的命運，所以會對珊瑚礁生態系帶來嚴重傷害。

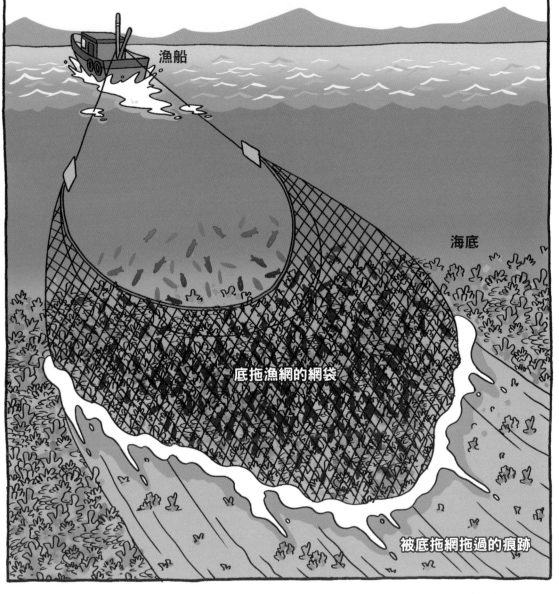

漁船

海底

底拖漁網的網袋

被底拖網拖過的痕跡

新聞裡的海鬣蜥女警！

沙丁魚風暴還沒來，我們只是想先綁好飛碟。

什麼還沒來？

這些全是沙丁魚！

他們幾十億隻一起移動，就是「沙丁魚風暴」！

啊？

我們以為是……

……壞天氣！

沙丁魚小檔案

名　稱	沙丁魚
分　布	大西洋、太平洋、地中海、印度洋等海域
外形特徵	一般所說的「沙丁魚」，是人類對二十幾種小型魚類的統稱。在南非外海形成「沙丁魚風暴」（Sardine run）的種類，則是「遠東擬沙丁魚」（學名 *Sardinops sagax*）。沙丁魚身材嬌小，體長通常只有幾公分到二十幾公分，經常被人類捕捉食用或做成罐頭。牠們成群生活，通常以浮游生物為食。
特殊表現	形成沙丁魚風暴，減少被獵捕的機會。

沙丁魚風暴來了！

　　人們發現，沙丁魚喜歡涼冷的海水。所以每年5到7月，當水溫低於21℃時，在非洲南端產卵的遠東擬沙丁魚，會大量聚集在一起，沿著非洲東岸往北游，然後再往東游進印度洋，形成由幾十億隻沙丁魚組成的「沙丁魚風暴」。人類還不清楚牠們組成沙丁魚風暴的原因，但是從地面或飛機上可以清楚欣賞到沙丁魚風暴的隊伍──一條長達7公里、寬1.5公里、深30公尺，宛如黑色蜿蜒腰帶的沙丁魚群。

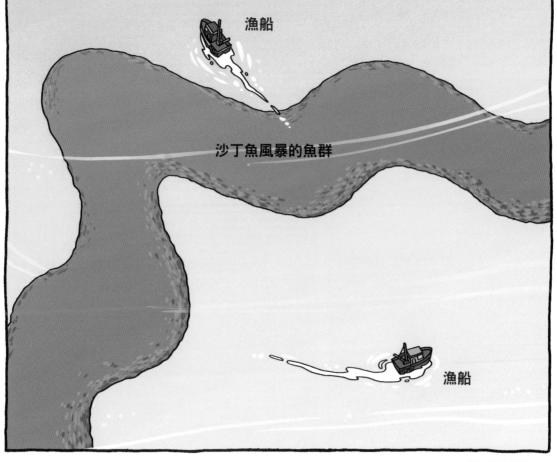

漁船

沙丁魚風暴的魚群

漁船

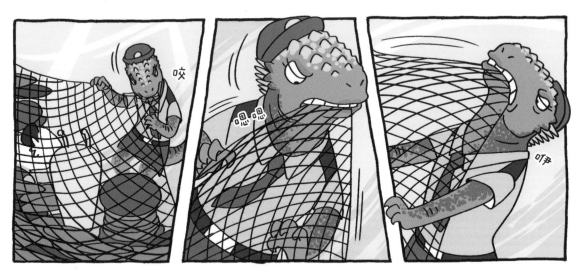

喔，美人，沒想到妳冷冽的外表下隱藏著熱情的心。

但實在太著急，讓人害羞。

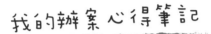

我的辦案心得筆記

報案人：達克比

辦案原因：誤以為「沙丁魚風暴」是類似颱風的壞天氣

調查結果：

1. 沙丁魚風暴是幾十億隻沙丁魚集體洄游的現象，發生在非洲南端、東岸到印度洋。

2. 沙丁魚是「飼料魚」的一種，飼料魚是大型海洋生物重要的食物。弱小的飼料魚為了保護自己，經常集體行動以增加安全。

3. 當天敵靠近時，飼料魚會形成「餌球」的防禦隊形，目的是降低被天敵捕食的機會。但是餌球也很容易引來其他天敵，包括人類的漁船。

4. 「底拖漁網」是一種破壞性很強的捕魚方法，對珊瑚礁生態系傷害很大，所以有越來越多國家禁止漁船在沿岸使用底拖漁網。

5. 海鬣蜥女警本想以性騷擾逮捕羅賓漢，但是達克比幫羅賓漢說情，一起回到岸上。

調查心得：

色彩繽紛珊瑚礁，
鋪天蓋地沙丁魚。
網中落難達克比，
即刻救援海鬣蜥。

酷斯拉

你為什麼會突然出現在這裡？

喔，命運是一條浪漫的鎖鍊……

悄悄把我拉向美人～

講重點……

咳咳

所以最近，我在追查一批可疑又可恨的昆蟲。

昆蟲？！

他們在這座島上蓋了一個祕密工廠。

還有一個神祕的訓練基地……

耶，修好了！

噹啷～

太棒了～

跟新的一樣！

費了我好大的功夫，不賴吧！

老大！

你要的飛行紀錄器畫面我調出來了！

你們看！這就是飛碟被撞擊前的最後影像。

22:08:55

22:09:04

22:09:22

什麼？！竟然是一隻昆蟲！

可是，昆蟲怎麼會這麼巨大？

難道⋯⋯

是他們？！

祕密工廠在哪裡？
快帶我們去看！

喔，我得先問問⋯⋯

美人，我有這個榮幸邀請你加入我們的行列嗎？

我願意！

啪

我們走！

嘘～
就是這裡。

你是說，昆蟲的祕密工廠藏在這個樹根裡？

沒錯。

那天，在下我趁他們去海邊時，搜集了這些。

放大藥丸？！

難道這是個放大藥丸工廠？

好像沒錯！

那群笨蛋！

能生存在海中的昆蟲請舉手

　　為什麼適應力超強的昆蟲，不能在海中生存呢？到目前為止，科學家還沒有找到確定的答案。

　　根據估計，全世界的昆蟲大約有550萬種，其中只有2萬5千種屬於「海洋昆蟲」。但是牠們絕大多數只能住在海邊的「潮間帶」，無法真正離開陸地、深入海洋。只有5種「海黽」能遠離海岸、生活在離岸幾百公里的外海。牠們的生活方式類似陸地上的「水黽」，不管覓食、產卵或休息，都只會在水面「滑行」，所以嚴格說起來，也不算是真正能在海水「裡面」生活。

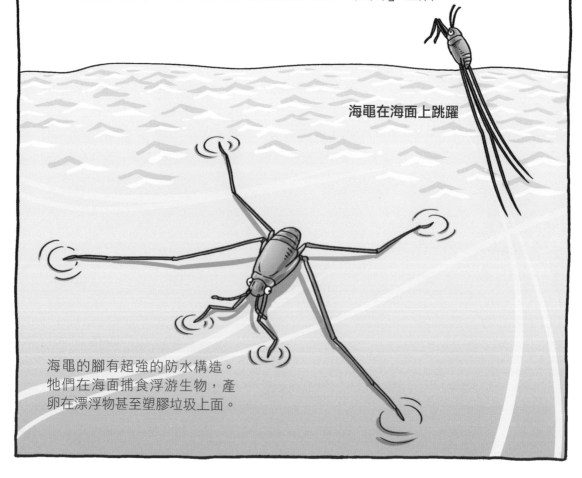

海黽在海面上跳躍

海黽的腳有超強的防水構造。
牠們在海面捕食浮游生物，產
卵在漂浮物甚至塑膠垃圾上面。

誰說的？

那只是因為我們太小，無法和海中的龐然大物競爭！

昆蟲

不然的話，以我們昆蟲的多才多藝，稱霸海洋絕對不是問題。

呃，又來了！

不然你以為，你們的飛碟是被誰撞到深海裡去的呢？哇哈哈哈！

可惡，原來是你派人把我們撞到深海裡去！

不只如此，我還派出各種水生昆蟲到海裡攻城掠地。

相信他們很快就會回來，向我報告好消息。

：我們到海裡去，剛開始的一段時間內都沒問題。但後來不知道為什麼，身體漸漸開始不大對勁……

：怎麼會？難道你們在海中沒找到東西吃嗎？

：有啊，我吃了一大堆海藻……

：原來巨藻森林的咬痕就是你們！

：我也抓了不少魚類來吃。可是吃魚的時候會吞入海水，好像是海水太鹹了，我們越來越渴、越來越不舒服……

：唉，你讓住在淡水的昆蟲到海裡生活，出問題是早晚的事情……

：啊？為什麼？

因為陸地的水是「淡水」，海洋的水是「鹹水」⋯⋯

淡水　　　鹹水

海水中有大量的「鹽」！要在海洋中生活不是變大就可以，還要有「排鹽」的能力！

啊？「排鹽」？

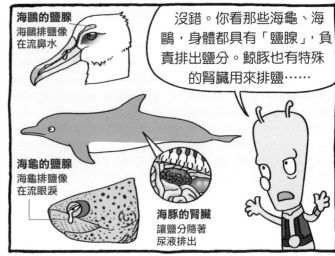

海鷗的鹽腺
海鷗排鹽像在流鼻水

海龜的鹽腺
海龜排鹽像在流眼淚

海豚的腎臟
讓鹽分隨著尿液排出

沒錯。你看那些海龜、海鷗，身體都具有「鹽腺」，負責排出鹽分。鯨豚也有特殊的腎臟用來排鹽⋯⋯

那魚類呢？生活在海裡的魚也需要排鹽嗎？

當然要！硬骨魚的鰓有特殊細胞，能快速的把鹹水變成淡水，也能透過尿液把鹽分排掉。

不用懷疑。魚也是要噓噓的啦～

含有鹽分的尿液

一公升的海水裡，大約有35公克的鹽。這些鹽其實來自陸地，
是被雨水和河流從陸地上搬運到海裡，累積了幾十億年的結果。

4. 再從世界各地的大河流向
大海，聚集在大海裡面。

5. 經過長時間的累積，大海目前平均的鹽
度是 34.7‰（意思是千分之34.7）。但
是赤道附近的海洋鹽度偏低，因為降雨
量大；寒帶地區也有類似的情形，因為
冰溶解成水後稀釋了海洋的鹽度。

這些生活在淡水的水生昆蟲沒有排鹽的能力，進到海裡遲早會生病的。

喔，美人～那你是怎麼排鹽的呢？

我相信你在排鹽的美妙時刻，一定優雅萬分、楚楚動人……

哈啾——

噴

對不起，我排鹽了。

海鬣蜥小檔案

名　稱	海鬣蜥
分　布	南美洲厄瓜多的科隆群島（即加拉巴哥群島）
外形特徵	身長大約 60 公分到 1 公尺，是居住在海邊的海洋爬蟲類。牠們平常喜歡爬上岸邊晒太陽，或是潛入海中吃藻類。吃海藻會為牠們的身體帶來太多鹽分。牠們的排鹽方法是以鼻孔噴出過多的鹽，常讓人們誤以為牠們在噴鼻涕。當繁殖季節來臨時，有些雄性的皮膚會轉變成綠色或磚紅色。
奇怪事蹟	噴出的鹽液經常落在自己頭上，所以很多海鬣蜥的頭上總是蓋著一層白色的鹽巴。

哼，沒用的東西，都給我滾開！

我自己來！

我就不相信以昆蟲的實力，會無法克服那一點海洋的鹽分！

不行！快阻止他！他這樣做只是去白白送死！

嗯！

過來！

不要跑！

吞

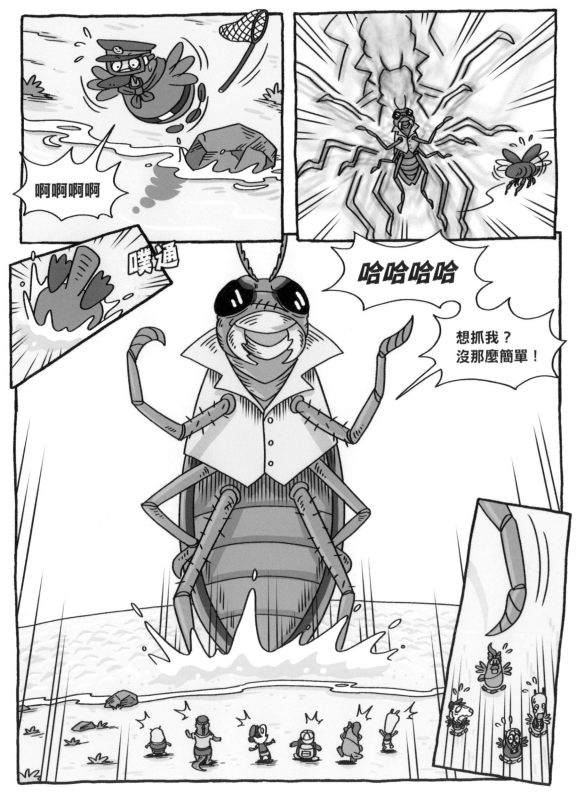

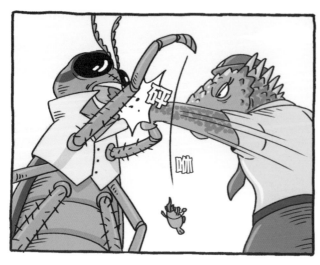

阿美，我來了～

吼～

咚

團長！
快游上岸！

快！脫脫，我們
到飛碟上去！

咚

海鬣蜥，
加油啊！

呃……

咚

糟糕！
怎麼辦……

飛碟來了！

唷呼～

啊！我想到了！

團長，快朝
虎甲蟲的頭上
灑熱水！

你在說什麼？
為什麼要灑熱水？

你記得我們在海底熱泉發現很多昆蟲屍體嗎?

很可能是巨大的昆蟲游經熱泉上方的熱水後,就恢復原來的大小!

所以我猜熱水會讓放大藥丸失效。快試試看!

達克比,你真聰明!

好,我試試看~

看我的,熱水伺候!

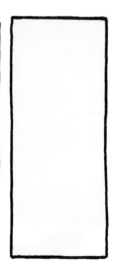

哈哈哈，太好了！

這一切都要謝謝海鬣蜥～

水晶球一開始就說巨大的動物會拯救達克比，還真的說對了！

不，這一切都是達克比的功勞。

你的聰明機智不但破了案，還救了我們大家。

恭喜你又通過了一關，接下來我們到下一站吧！

謝謝趴哥。

咦，羅賓漢呢？

我的辦案心得筆記

報案人：羅賓漢

報案原因：發現虎甲蟲博士的祕密工廠

調查結果：

1. 海水是鹹水，裡面具有 34.7‰ 的鹽分。這些鹽原本在陸地上的土壤和岩石裡面，是被雨水溶解後順著河水流進大海，慢慢累積而成。

2. 依靠海洋生存的生物必須具備「排鹽」的能力。海龜、海鷗和海鬣蜥都用「鹽腺」排鹽，不過海龜排鹽時像在流眼淚、海鷗像流鼻涕，而海鬣蜥則像在打噴嚏。

3. 世界上的「海洋昆蟲」都住在海邊的潮間帶，無法遠離陸地。只有 5 種海黽能在外海的海面滑行，嚴格來說也沒有在海水中生活。

調查心得：

　　唉呀我的媽，

　　昆蟲又來啦！

　　海裡鹽多多，

　　妄想當老大！

闖關成功

長相奇怪的王后為什麼要抓達克比？ **請看下集分解**

1

深海中有許許多多長相有趣的深海魚！下列哪些深海魚特徵的描述是對的？

答：＿＿＿＿＿＿＿＿＿＿＿＿＿＿＿＿＿＿＿＿＿＿＿＿＿

❶ 有些具有巨大的眼睛，才能蒐集更多光線。有些則直接退化消失，可以節省能量。

❷ 「魚鰾」是深海魚體內拿來控制浮沉的器官，裡面充滿空氣。

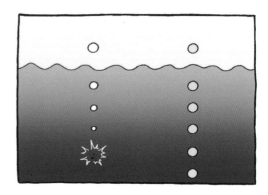

❸ 許多深海魚有大嘴或長牙，比較容易抓住獵物。

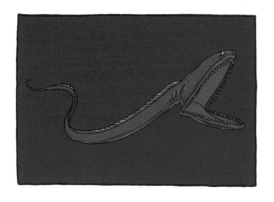

❹ 很多深海動物會發光好把獵物、配偶吸引過來。

請找出下列題目的正確答案。

2 海洋中，不同環境住著不同生物。請幫助下方走失的生物回到牠們的家。

怪方蟹

海獺

鱗足螺

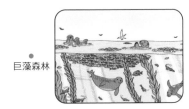
巨藻森林

海底熱泉
附近

3 海洋是大魚吃小魚的世界，請畫出大海食物鏈的順序。

浮游植物

飼料魚

鯊魚

海豹

浮游動物

旗魚

解答篇

1

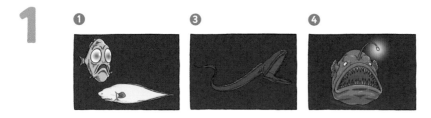

2

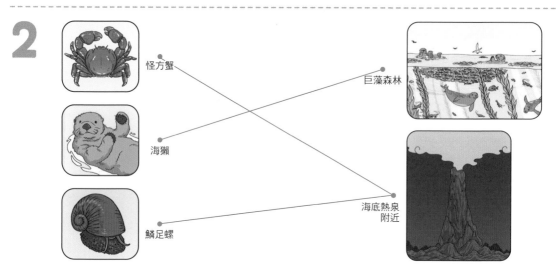

怪方蟹
海獺
鱗足螺
巨藻森林
海底熱泉附近

3

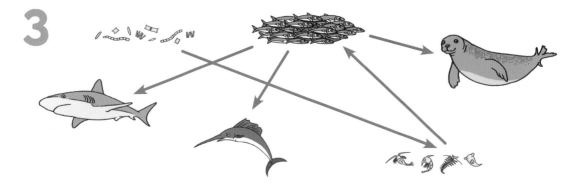

● 你答對幾題呢？來看看你的偵探功力等級

答對一題 ☺ 你沒讀熟，回去多讀幾遍啦！
答對二題 ☺ 加油，你可以表現得更好。
答對三題 ☺ 太棒了，你可以跟達克比一起去辦案囉！

達克比辦案⑬

海洋酷斯拉

特殊海洋生態環境與物種適應

作者	胡妙芬
繪者	柯智元
達克比形象原創	彭永成
責任編輯	張玉蓉
美術設計	蕭雅慧
行銷企劃	王予農
天下雜誌群創辦人	殷允芃
董事長兼執行長	何琦瑜
媒體暨產品事業群	
總經理	游玉雪
副總經理	林彥傑
總編輯	林欣靜
行銷總監	林育菁
主編	楊琇珊
版權主任	何晨瑋、黃微真

出版者	親子天下股份有限公司
地址	臺北市 104 建國北路一段 96 號 4 樓
電話	（02）2509-2800
傳真	（02）2509-2462
網址	www.parenting.com.tw
讀者服務專線	（02）2662-0332 週一～週五：09:00~17:30
讀者服務傳真	（02）2662-6048
客服信箱	parenting@cw.com.tw

法律顧問	台英國際商務法律事務所・羅明通律師
製版印刷	中原造像股份有限公司
總經銷	大和圖書有限公司　　電話：（02）8990-2588
出版日期	2023 年 7 月第一版第一次印行
	2024 年 7 月第一版第八次印行
定價	340 元
書號	BKKKC248P
ISBN	978-626-305-531-5（平裝）

訂購服務

親子天下 Shopping｜shopping.parenting.com.tw

海外・大量訂購｜parenting@cw.com.tw

書香花園｜臺北市建國北路二段 6 巷 11 號　電話：（02）2506-1635

劃撥帳號｜50331356 親子天下股份有限公司

國家圖書館出版品預行編目資料

海洋酷斯拉：特殊海洋生態環境與物種適應 / 胡妙芬
文；柯智元圖. --
第一版 . -- 臺北市：親子天下股份有限公司, 2023.07
144 面；17×23 公分 . -- (達克比辦案；13)
ISBN 978-626-305-531-5（平裝）
1.CST: 海洋資源　2.CST: 海洋生物
3.CST: 漫畫
366.989　　　　　　　　　　　　　　112009924

本出版品獲文化部獎勵創作　

立即購買 ＞

有聲故事書